Bibliografische Information der Deutschen Nationalbibliothek:

Die Deutsche Bibliothek verzeichnet diese Publikation in der Deutschen Nationalbibliografie; detaillierte bibliografische Daten sind im Internet über http://dnb.d-nb.de/ abrufbar.

Impressum:

Druck und Bindung: Books on Demand GmbH, Norderstedt Germany
ISBN: 9783668309081

Dieses Buch bei GRIN:

http://www.grin.com/de/e-book/315907/der-nil-als-segen-oder-fluch-fuer-aegypten-stundenentwurf-im-fach-gesellschaftslehre

Moritz M. Mansson

Der Nil als Segen oder Fluch für Ägypten. Stundenentwurf im Fach Gesellschaftslehre Klasse 5

GRIN Verlag

M. Månsson

Schriftlicher großer Planungsentwurf für das Modul Geschichte im Rahmen eines Einzelbesuches Zweiter Unterrichtsbesuch

Thema der Unterrichtseinheit:
Ägypten – Beispiel einer frühen Hochkultur

Thema der Unterrichtsstunde:
Der Nil – Lebensader Ägyptens

Datum: 19. Juni 2015
Uhrzeit/Unterrichtsstunde: 10:30-11:15 Uhr, 4. Stunde
Fach: Gesellschaftslehre
Lerngruppe: 5Fb (10 Schülerinnen, 14 Schüler)
Raum: F1.01

Lernziele der Stunde:
Die Schülerinnen und Schüler sollen anhand von zwei Textquellen in groben Zügen die existenzielle Bedeutung des Nils für die ägyptische Bevölkerung erkennen. Weiterhin sollen sie ansatzweise begreifen, welch lebenswichtigen Platz Wasser in ihrem Alltag einnimmt.

Inhaltsverzeichnis:

1 Lernbedingungen

Die Förderstufenklasse 5Fb besteht aus 24 Schülerinnen und Schülern[1] (14 männlich, zehn weiblich). Die Schüler kamen zu Beginn des Schuljahres von verschiedenen Grundschulen. Zum Halbjahreswechsel im Februar 2015 habe ich die Lerngruppe von meiner Mentorin übernommen und unterrichte seitdem dreistündig mit ihr in einer Doppelsteckung.
Der Raum, in dem der Unterrichtsbesuch stattfindet, bietet die Möglichkeit des Verdunkelns. Ein transportabler Computer mit Beamer muss separat für den Unterricht vorbereitet werden. Darüber hinaus bietet der Klassenraum einen Tageslichtprojektor und zwei hintereinander gelagerte, senkrecht verschiebbare Tafeln.

1.1 Überfachliche Lernvoraussetzungen

Das Arbeitsverhalten der Klasse lässt sich als durchweg positiv beschreiben. Materialien werden selten vergessen, Hausaufgaben von nahezu jedem erledigt. Die Schüler vermitteln einen motivierten Eindruck in Bezug auf das Fach Gesellschaftslehre.
Momentan befinden sich die Schüler noch in einer Umgewöhnungsphase, in der sie den Wandel der Lehrperson vom Grundschul- zum Sekundarstufenbereich erlernen. Dazu gehört beispielsweise das Unterlassen des Duzens der Lehrperson.
Ebenso lässt sich das Sozialverhalten als positiv bewerten. Der Umgang der Schüler untereinander ist freundlich und respektvoll.
Die Klasse mag Gruppenarbeitsformen. Während Still-, Partner- oder Gruppenarbeitsphasen entstehen nur selten lautere Gespräche, die nicht das Unterrichtsgeschehen betreffen. Diese kooperativen Methoden erachte ich, in Übereinstimmung mit dem Hessischen Referenzrahmen Schulqualität, als lernförderlichste Sozialform in Bezug auf Heterogenität. Dort heißt es zum Umgang mit heterogenen Lernvoraussetzungen: „Der Unterricht fördert kooperatives Lernen."[2] Daher verwende ich in diesem Unterrichtsbesuch die Methode des Partnerpuzzles, um somit auf der einen Seite die Motivation der Schüler zu erhöhen und um andererseits ihre Sozialkompetenz fördern. Des Weiteren soll durch leistungshomogene Gruppen versucht werden, dass die Schüler einander nicht über- bzw. unterfordern. In der Klasse wurde diese Methode von mir noch nicht angewendet. Die Schüler haben allerdings in der vorangegangen Stunde die Partnereinteilung erhalten, um möglichst einen reibungslosen Ablauf zu gewährleisten.

[1] Im Folgenden ist mit dem Begriff „die Schüler" die Gemeinschaft der Lerngruppe gemeint. Sollte eine Geschlechterdifferenzierung notwendig sein, wird dies explizit ausgeschrieben. Gelegentlich werden die Schülerinnen und Schüler auch mit „SuS" abgekürzt.
[2] Hessisches Kultusministerium (Hg.): *Hessischer Referenzrahmen Schulqualität. Qualitätsbereiche, Qualitätsdimensionen und Qualitätskriterien.* Wiesbaden 2011, S. 25.

1.2 Fachliche Lernvoraussetzungen

Das Interesse und auch die Motivation für das Fach Gesellschaftslehre (und im Besonderen für Geschichte) sind weitestgehend vorhanden. Einige Schüler berichten, dass sie sich auch Zuhause mit Geschichte auseinander setzen (Lesen von zusätzlichen Informationen im Gesellschaftslehre-Buch, Recherchen im Internet etc.).
Im ersten Halbjahr haben die Schüler im Fach Gesellschaftslehre Umwelterziehung und Erdkunde im Unterricht behandelt. Da für die Schüler der Gesellschaftslehreunterricht die erste Begegnung mit der Geschichte ist, stellen sie viele Vermutungen an. In der letzten Unterrichtseinheit wurden die Alt- und Jungsteinzeit behandelt.
Seit Beginn der aktuellen Unterrichtseinheit haben die Schüler einige Merkmale früher Hochkulturen kennengelernt. In der heutigen Stunde wird zum ersten Mal eines dieser Merkmale näher betrachtet: Zugang zu, und Nutzung von fließenden Gewässern.

2 Sachanalyse

Ob der Nil der längste Fluss der Welt ist, ist bis heute umstritten. Zweifelsohne ist er mit 6671 Kilometern der längste Fluss Afrikas.[3] Obwohl der Quellort des Nils südlich von Ägypten liegt, hatte und hat er für das nordafrikanische Land sowohl früher als auch heute eine existentielle Funktion: er diente als Handelsweg von Süden nach Norden und umgekehrt. Darüber hinaus sicherte er durch die alljährliche Nilflut das Überleben der ägyptischen Bevölkerung. Und schließlich sorgte der Fischfang für weitere Nahrung. Allerdings konnte die Nilschwelle negative Folgen für die Fluss nahe Bevölkerung haben (Überflutung von Häusern). Wer hingegen die Landkarte Ägyptens genauer studiert, wird feststellen, dass sämtliche Städte sich am Nil oder am Mittelmeer befinden.

Wegen des stark schwankenden Wasserstandes wurde 1970 der Assuan-Staudamm im Süden Ägyptens errichtet, welcher den Wasserstand auf einer konstanten Höhe halten sollte. Dieser Eingriff in die Natur wird allerdings kontrovers diskutiert, da der Nährstoffreiche, durch die Nil-Überflutung auf den Flussnahen Wiesen abgelegte, Nilschlamm ausbleibt.[4]

---

[3] http://www.planet-wissen.de/natur_technik/fluesse_und_seen/nil (zul. abgerufen am 13.6. 2015, 20:19 Uhr)
[4] http://www.zeit.de/wissen/geschichte/2010-01/assuan-staudamm/seite-2

3 Didaktische Überlegungen

Das Thema der Stunde „Der Nil – Lebensader Ägyptens“ findet sich innerhalb der Unterrichtseinheit „Ägypten – Beispiel einer frühen Hochkultur“ sowohl im Kerncurriculum Geschichte für Realschulen des Landes Hessen wie auch im Lehrplan Geschichte für Realschule des Landes Hessen wieder. In Ersterem durch die Basisnarrative „Epochenbezug Ur- und Frühgeschichte – Herrschaft, Religion, Wirtschaft und Schrift in frühen Stromkulturen“.[5] Durch diese Formulierung wird die Bedeutung von Wasser für eine Gesellschaft hervorgehoben. Nicht nur auf Ägypten, sondern auch auf ein Dutzend anderer früher Hochkulturen trifft dies zu.[6]
Im Lehrplan findet sich innerhalb des vorgeschriebenen Themas „Ägypten – Beispiel einer frühen Hochkultur“ der verbindliche Unterrichtsinhalt „Wasser *formt* eine Gesellschaft“.
Die Bedeutung von Wasser im Allgemeinen und im vorliegenden Fall vom Nil im Besonderen ist somit institutionell vorgegeben und unterstreicht die existenzielle Bedeutung von Wasser zum Fortleben sozialer Kulturen.

Vor diesem Hintergrund wurde die vorliegende Stunde erarbeitet. Neben der Aneignung von Wissen über die Bedeutung des Nils für das Alte Ägypten soll ebenso Umwelterziehung in den Fokus gerückt werden. Die Erziehung in diesem interdisziplinären Feld ist im Hinblick auf die gegenwärtige Trinkwasserknappheit, unter anderem im Westen der Vereinigten Staaten von Amerika, eminent wichtig. Im Bereich wird hier die Sozialkompetenz mit einbezogen, insbesondere dabei die „Gesellschaftliche Verantwortung“.[7]

Der Nil eignet sich in besonderem Maße für den Einstieg in das Themenfeld Altes Ägypten: Auf Basis des Nils kann nahezu jede weitere Stunde der Unterrichtseinheit aufgebaut werden. Ich möchte dies an zwei Beispielen verdeutlichen: Zum Einen wurden Steinblöcke der Pyramiden mit Hilfe der Nilschifffahrt zu den Baustellen gebracht.[8] Ohne diese Hilfe hätten die Pyramiden wohl nicht gebaut werden können.[9] Zum Anderen hatte der Nil einen

---

[5] Hessisches Kultusministerium: *Bildungsstandards und Inhaltsfelder. Das neue Kerncurriculum für Hessen. Sekundarstufe I – Realschule. Geschichte.* Wiesbaden 2011, S. 21.
[6] Vgl. dazu: Fromm, Dr. Hermann (Hg.): *Basiswissen Schule. Geschichte. 7. Klasse bis Abitur.* Berlin 2011, S. 46-47.
[7] Hessisches Kultusministerium: *Bildungsstandards und Inhaltsfelder. Das neue Kerncurriculum für Hessen. Sekundarstufe I – Realschule. Geschichte.* Wiesbaden 2011, S. 9-10.
[8] Rudyk, Ellen (Hg.):*Menschen Zeiten Räume 1. Arbeitsbuch für Gesellschaftslehre Hessen.* Berlin 2010, S. 212-213.
[9] Vgl. Wagener, Elmar: *Der Nil, Lebens- und Verkehrsader Ägyptens.* In: *Praxis Geschichte* 4/2013. Braunschweig 2013, S. 13 und 17.

gottähnlichen Status. Zumindest gab es *Hapi*, den Gott der Nilflut.[10] Somit stellte der Nil ebenso ein Heiligtum für die altägyptische Bevölkerung dar.

Im Laufe dieser Unterrichtseinheit sollen die Schüler wesentliche Merkmale des Alten Ägyptens erlernen und vor allem sensibilisiert werden im Bereich der „Wahrnehmungskompetenz für Kontinuität und Veränderung in der Zeit".[11] Die Leistungen der Ägypter sollen ihnen als innovativ, fortschrittlich und prägend in Erinnerung bleiben.

Die vorliegende Stunde ist als ein Resultat eines langen Reflexions- und Abwägungsprozesses zu sehen. Ein erster Entwurf sah vor, die Schüler in Gruppenarbeit drei Tätigkeiten am Nil ausarbeiten zu lassen. Diese waren Landwirtschaft, Schifffahrt und Fischfang. Auf Grundlage dessen wäre die Existenz erhaltende Funktion des Nils zwar deutlich geworden. Allerdings schien es mir unangemessen, die Nachteile der Nilschwelle unbeachtet zu lassen. Des Weiteren sollten die Schüler in dieser Stunde nicht überrumpelt werden mit den Merkmalen der frühen Hochkulturen, sondern deren Kennzeichen peu à peu kennenlernen.

Ein zweiter Entwurf drehte sich um den Stundeneinstieg und den Gegenwartsbezug: sollen ein oder zwei Bilder des Elbehochwassers gezeigt werden? Oder soll die Kontroverse um den Assuan-Staudamm an die Schüler didaktisch vereinfacht herangetragen werden? Schließlich hätte eine weitere Form der Umwelterziehung eingebracht werden können, indem die fiktive Situation angenommen wird, dass der Sudan einen Staudamm baut und somit die Wasserzufuhr nach Ägypten reguliert.[12]

Entschieden habe ich mich letztlich für die Lebenswelt der Schüler. Jede und jeder unter ihnen wird sich dazu äußern können, wie sich ihr oder sein Leben verändern würde ohne Wasser. Gerade in der fünften Jahrgangsstufe, wo die Schüler allmählich an unsere Geschichte herangeführt zu werden, darf die kindliche Phantasie nicht ausgeschlossen werden. Ebenso wird hierdurch versucht, den Schülern Raum zu geben, um die Bedeutung von Wasser für das Leben zu erahnen.

Begonnen werden soll zunächst durch zwei Bilder: Erstens eine politische Karte, die einen Überblick geben soll, wo sich Ägypten in Relation zu Deutschland befindet. Zweitens ein Satellitenbild, welches den Nil und sein fruchtbares Land in Ägypten zeigt und links und rechts dessen eine Wüstenlandschaft zeigt. Jenes Bild bietet den Schülern einen

---

[10]Vgl. Wagener, Elmar: *Der Nil, Lebens- und Verkehrsader Ägyptens*. In: *Praxis Geschichte* 4/2013. Braunschweig 2013, S. 13 und 17.

[11]Hessisches Kultusministerium: *Bildungsstandards und Inhaltsfelder. Das neue Kerncurriculum für Hessen. Sekundarstufe I – Realschule. Geschichte*. Wiesbaden 2011, S. 14.

[12]Vgl. dazu den Konflikt im Nahen Osten: http://www.tagesspiegel.de/politik/euphrat-und-tigris-wenn-das-wasser-knapp-wird/1593794.html (zul. abgerufen am 15.6.2015, um 21:50 Uhr).

anfänglichen Eindruck, dass Leben in Ägypten ausschließlich in der Nähe des Nils bzw. des Mittelmeers stattfinden kann.
Es wird anschließend übergeleitet in die Erarbeitungsphase. Hierbei sollen die Schüler mit Hilfe der Methode Partnerpuzzle zwei Texte bearbeiten, wobei einer die Nilschwelle positiv der andere negativ darstellt. Text A ist eine veränderte Variante des häufig zu Ägypten genutzten Zitats von Herodot. Um den Ansprüchen von Ditmar von Reeken gerecht zu werden, war eine Quellenarbeit hier unerlässlich.[13] Im Sinne der didaktischen Reduktion und zur Vermeidung von Überforderung[14] mussten teilweise Wörter ergänzt bzw. geändert werden. Eine Entstellung der Quelle liegt jedoch meines Erachtens nicht vor. Text B ist ein eigenständig verfasster Text, da es keinerlei Gespräche mit Bauern in Form von Quellen öffentlich zugänglich gibt, die ein solches Ereignis wiedergeben.
Im Anschluss an die Lesephase vermitteln sich je zwei (im Falle einer ungeraden Schüleranzahl auch drei) gegenseitig ihren jeweiligen Text.[15] Mit Hilfe der Texte sollen die Schüler erfahren, dass der Nil sowohl Fluch als auch Segen für die Ägypter sein konnte, jedoch der Segen überwog. Nicht zuletzt dadurch, als sich die Ägypter an die Hochwasserzeiten anpassten und lernten, mit dem Wasser zu leben.

Im Folgenden möchte ich die Differenzierungsmaßnahmen innerhalb der Unterrichtsphasen darstellen: Innerhalb der Erarbeitungsphase erfolgt die Differenzierung zum Einen zunächst durch heterogene Partnereinteilungen und schließlich durch eine homogene Zuteilung, um so einer Unter- bzw. Überforderung vorzubeugen. Zum Anderen werden schwierige Wörter in den Texten hervorgehoben und näher erläutert. Bei den lernschwächeren Schülern werden zusätzlich wichtige Passagen im Text markiert. In der Reflexions- und Transferphase erfolgt die Differenzierung durch Bildimpulse, die die Schüler zu Hilfe nehmen können, jedoch nicht müssen.

[13]von Reeken, Dietmar: *Quellenarbeit.* In: Günther-Arndt, Hilke: *Lehr-Lernkonzepte.* In: Günther-Arndt, Hilke: *Geschichts-Methodik. Handbuch für die Sekundarstufe I und II.* 3. Aufl., Berlin 2010, S. 154-168, hier S. 154.
[14]Vgl. Sauer, Michael: *Geschichte unterrichten. Eine Einführung in Didaktik und Methodik.* 8. Aufl., Seelze-Felber 2009, S. 108.
[15]Hans-Jürgen Pandel erachtet die Fähigkeit der Narration von Geschichte als wichtiges, wenn nicht gar als wichtigstes Prinzip der Geschichtsdidaktik. Vgl. dazu: Pandel, Hans-Jürgen: *Erzählen.* In: Mayer, Ulrich et al. (Hg.) : *Handbuch Methoden im Geschichtsunterricht.* 3. Aufl., Schwalbach/Ts. 2011, S.408-424, hier: S. 408.

4 Methodische Überlegungen

Die Methode *Partnerpuzzle*[16] gliedert sich in zwei Phasen: Zunächst bilden je zwei Schüler ein Expertenpaar, innerhalb dessen sie den gleichen Text bearbeiten. Nachdem sich die Schüler ausgetauscht und die Narration ihres Textes einstudiert haben, bilden beide Schüler mit je einem anderen Schüler eine neue Gruppe – das so genannte Puzzlepaar. Innerhalb des Puzzlepaares erzählt zunächst der eine dem anderen den Inhalt seines Textes und anschließend umgekehrt. Die Schüler sind dann jeweils Experten in ihrem selbst bearbeiteten Text.

Ich erachte die Methode für die vorliegende Stunde für geeignet, da lediglich zwei Seiten der Nilschwelle beleuchtet werden sollen. Außerdem möchte ich so zum Einen die Sozialkompetenz der Schüler stärken, zum Anderen aber auch um die Motivation der Schüler zu stärken im Hinblick darauf, dass sie jeweils verantwortlich sind dafür, ihrem Gegenüber den Inhalt ihres Textes nach gewissenhafter Bearbeitung zu vermitteln.

Die stehende **Begrüßung** bedeutet für die SuS den Beginn der Unterrichtsstunde und ermöglicht ihnen im Sinne von Bewegter Schule kurze Bewegung. Mit Hilfe eines ritualisierten Finger-Countdowns wird es den Schülern ermöglich, letzte Dinge zu sortieren, dann aber auf die Stunde fokussiert zu sein.

Der **Einstieg in den Unterricht** erfolgt durch zwei Bilder. Bild 1 soll den Schüler als Visualisierung dienen, wo sich Ägypten befindet. Dies wird durch einen Pfeil von Deutschland nach Ägypten unterstützt. Bild 2 soll den Schüler den Kontrast zwischen Wüste und dem Flussbett des Nils vor Augen führen. Eventuell begreifen sie, dass ein (Über-)Leben in Ägypten nur in unmittelbarer Nähre zum Nil bzw. Mittelmeer möglich gewesen ist. Durch das jeweils einzelne Einblenden und betrachten der Bilder wird der Blick der SuS auf ein Bild fokussiert.

Durch einen fließenden Übergang von der Einstiegs- in die Erarbeitungsphase sollen Spannung und Motivation der SuS hochgehalten werden.

Nach der Überleitung durch den Lehrer **erarbeiten** die Schüler innerhalb von Expertengruppen im oben beschriebenen Partnerpuzzle den jeweils vorliegenden Text. Dabei wurden die Gruppen weitestgehend heterogen eingeteilt, um so eine Hilfestellung der lernstärkeren für die lernschwächeren Schüler zu initiieren. In der zweiten Phase, in der die Schüler sich in den Puzzlepaaren einfinden, sind die Gruppen vorwiegend homogen gehalten, um Textpräsentationen auf Augenhöhe zu ermöglichen.

[16]Vgl. zum Partnerpuzzle: Mattes, Wolfgang: *Methoden für den Unterricht.* Paderborn 2011, S. 58-59.

Als Hilfestellung dient den Schülern in dieser Unterrichtsphase ein Bild mit den zwei verschiedenen Phasen, welches sie jederzeit betrachten können. Des Weiteren wird Bild 3 projiziert, um den Schülern eine Vorstellung von einer Nilschwelle zu geben.

Während der anschließenden **Ergebnissicherung** stellt ein Schüler immer einen Aspekt vor, den er aus seinem Text als wichtig erachtet. Der Lehrer notiert die Ergebnisse in zwei Spalten an der Tafel. Eventuell fällt den Schülern dabei auf, dass der Nil sowohl existenzerhaltend als auch existenzbedrohend zugleich sein kann. Das Augenmerk liegt jedoch darauf, dass der Nil eher ersteres war. Deshalb wird den Schülern im Anschluss ein Ausblick auf die nächste Stunde gegeben, in der weitere Berufe, die mit dem Nil zusammen hängen, erarbeitet werden.

Als **Transfer bzw. Reflexion** sollen die Schüler über die lebenswichtige Notwendigkeit von Wasser reflektieren. Um möglichst eine breite Aktivierung zu erzielen, werden zwei Bilder als Differenzierungsmaßnahme gegeben, die die Schüler allerdings nicht mit einbeziehen müssen.

5 Anhang

5.1 Einordnung der Stunde in die Unterrichtseinheit

Stunde	Inhalt	Lernziele und/oder Kompetenzen	Lehr-Lern-Prozessmodell
1.-3.	Einführung in die Unterrichtseinheit durch das Aufstellen von Vermutungen.	Die SuS lernen, welche Merkmale eine frühe Hochkultur aufweisen muss, um als solche bezeichnet zu werden.	Lernen vorbereiten und initiieren
4.	Der Nil – Lebensader Ägyptens.	Die SuS erkennen anhand von zwei Textquellen in groben Zügen die existenzielle Bedeutung des Nils für die ägyptische Bevölkerung.	Lernwege eröffnen und gestalten
5.	Leben mit und auf dem Nil	Die SuS arbeiten anhand von Quellentexten die Notwendigkeit der Nilschifffahrt und des Fischfangs heraus.	Lernwege eröffnen und gestalten
6.	Ägyptische Gesellschaftsordnung	Die SuS erarbeiten am Beispiel der ägyptischen Gesellschaftsordnung die Bedeutung einer Gesellschaftsordnung für früher Hochkulturen	Lernwege eröffnen und gestalten
7.-9.	Berufe im Alten Ägypten	Die SuS erarbeiten in Gruppenarbeit verschiedene ägyptische Berufe und ordnet sie den Merkmalen früher Hochkulturen zu.	Lernwege eröffnen und gestalten
10.	Hyroglyphen – die Bedeutung der Schrift	Die SuS erlernen anhand von vier Textquellen in groben Zügen die existentielle Bedeutung der Schrift als Organisations-, Verwaltungs- und Kommunikationsmittel in	Lernwege eröffnen und gestalten

		gesellschaftlichen Ordnungen.	
11.	Quiz über Ägypten	Die SuS können mit Hilfe eines Quiz ihr bisheriges Wissen über das Alte Ägypten abfragen.	Orientierung geben und erhalten
11.-13.	Pharao	Die SuS erkennen auf Basis ihres Vorwissens über die ägyptische Gesellschaftsordnung die Bedeutung, Macht und Status des Pharaos.	Kompetenzen stärken und erweitern
14.	Die Attribute des Pharaos	Die SuS können die Attribute eines Pharaos benennen und zuordnen.	Kompetenzen stärken und erweitern
15.-16.	Totenkult	Die SuS können einen Gegenwartsbezug herstellen und ihr Wissen mit ihrer Umwelt verknüpfen.	Kompetenzen stärken und erweitern
17.-19.	Pyramiden	Aufbauend auf ihrem Vorwissen über Totenkult und Pharaonen erkennen die SuS in groben Zügen die Ausmaße von Pyramiden.	Kompetenzen stärken und erweitern
20.-22.	Die ägyptischen Götter	Die SuS erlernen den Stammbaum der ägyptischen Götter und deren jeweilige Bedeutung.	Kompetenzen stärken und erweitern
23.-25.	Alltag einer ägyptischen Familie	Die SuS erfahren den Alltag in einer ägyptischen Familie und können diesen mit ihrem vergleichen und daraus Vor- und Nachteile herausfinden.	Kompetenzen stärken und erweitern
23.	Evaluation	Die SuS reflektieren die Unterrichtseinheit anhand eine Evaluationsbogens und überprüfen ihr Wissen spielerisch im Klassenverband (Domino).	Lernen bilanzieren und reflektieren

5.2 Verlaufsplan der Stunde

Verortung im Kerncurriculum/im Lehrplan:

Das Alte Ägypten lässt sich in den Inhaltsfeldern des Kerncurriculums Geschichte für Realschule Hessen unter der Basisnarrative „Epochenbezug Ur- und Frühgeschichte – Herrschaft, Religion, Wirtschaft und Schrift in frühen Stromkulturen" verorten. Innerhalb der geschichtswissenschaftlichen Dimensionen umfasst die vorliegende Stunde die Bereiche „Alltagskulturen", „Wirtschaft" und „Bewältigung und Nutzung von Räumen".[17]

Ebenso wird die Bedeutung des Nils im Lehrplan Geschichte für Realschule Hessen unterstrichen: der Nil findet sich unter dem verbindlichen Thema „Ägypten – Beispiel einer frühen Hochkultur" im zweiten verbindlichen Unterrichtsinhalt „Wasser *formt* eine Gesellschaft".[18]

Das schulinterne Curriculum ist noch nicht abschließend ausgearbeitet und wird hier deshalb nicht berücksichtigt.

Phase	**Unterrichtsgeschehen**	**Organisations-Sozialform**	**Medien**
Einstieg/ (Begrüßung) 10:30-10:35	L. und SuS begrüßen sich stehend. Der L. zeigt Bild 1 und Bild 2. Die SuS nennen ihre Beobachtungen, Gedanken und Vermutungen.	Lehrervortrag Lehrer-Schülergespräch	Bild1 und 2, Beamer
Erarbeitung 10:35-11:00	Die SuS lesen den jeweils vorliegenden Quellentext. Im Anschluss daran tauschen sie sich in einer kurzen Murmelphase mit ihrem Nachbarn darüber aus. Jeder Schüler schreibt sich eigenständige Notizen! Nach Lesen und Austauschen finden sich je ein Schüler der Expertengruppe 1 und der Expertengruppe 2 zusammen. In Partnerarbeit vermitteln sie ihrem Gegenüber den Inhalt ihres Textes. Der L. greift beratend in das Unterrichtsgeschehen ein, sofern dies erforderlich zu sein scheint.	Partnerpuzzle	Quellentexte, Arbeitsblatt, Methodenanleitung, Bild 3
Ergebnissicherung 11:00-11:10	Die SuS präsentieren ihre Ergebnisse. Damit möglichst viele SuS vorstellen können, werden die Schüler gebeten, immer nur einen Aspekt zu nennen.	Lehrer-Schülergespräch	Arbeitsblatt

[17] Hessisches Kultusministerium: *Bildungsstandards und Inhaltsfelder. Das neue Kerncurriculum für Hessen. Sekundarstufe I – Realschule. Geschichte.* Wiesbaden 2011, S. 21-24.
[18] Hessisches Kultusministerium: *Lehrplan Geschichte. Bildungsgang Realschule. Jahrgangsstufen 5 bis 9/10.* Wiesbaden 2001, S. 9.

	Die Ergebnisse notiert der L. an der Tafel. Die SuS schreiben die zwei Spalten anschließend auf die Rückseite ihres Arbeitsblattes.		Tafel
Transfer 11:10-11:15	Der L. teilt das Hausaufgabenblatt aus. Die SuS sollen sich mit den zwei Fragen auseinander setzen, welche Bedeutung Wasser für sie hat und ob sie auf Wasser verzichten können. Zwei Impulse werden zur Differenzierung präsentiert. Die SuS dürfen bereits in der Unterrichtsstunde mit der Verschriftlichung beginnen.	S-Aktivität	Bild 4, Hausaufgabenblatt
Didaktische Reserve: Schnelle SuS lesen ihre angefertigten Texte der Klasse vor, wenn sie dies möchten.			

5.3 Bilder

Bild 1

Bild 2

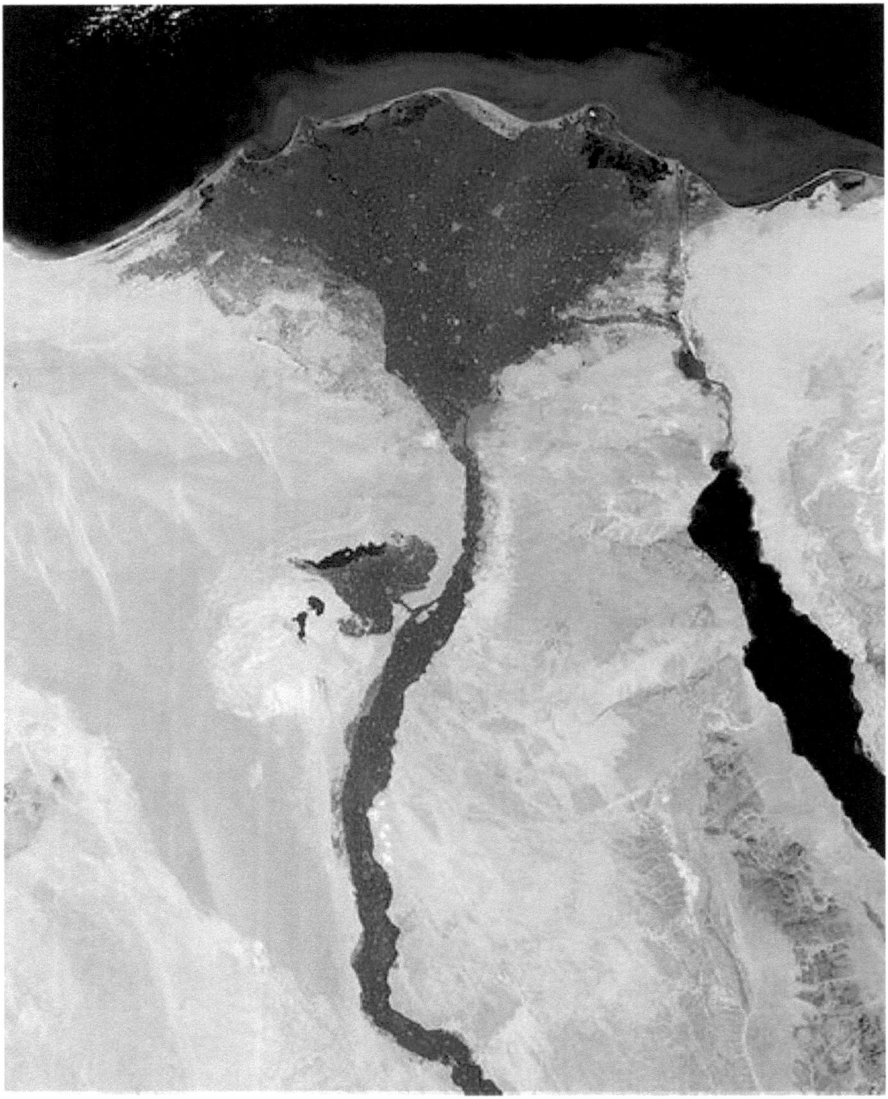

https://commons.wikimedia.org/wiki/File%3ANile_River_and_delta_from_orbit.jpg
By Jacques Descloitres, MODIS Rapid Response Team, NASA/GSFC [Public domain], via Wikimedia Commons

Bild 3

https://commons.wikimedia.org/wiki/File%3AEgypt_in_its_region_(claimed).svg

Bild 4

Welche Bedeutung hat Wasser für dich?
Könntest du auf Wasser verzichten?

Schreibe bitte einen kleinen Text mit
mindestens fünf Sätzen.

Arbeitsblatt Text A – Differenzierung 1

Gesellschaftslehre – 5Fb **Text A** **19. Juni 2015**

Herodot schreibt 500 vor Christus (v. Chr.) über den Nil

„Offenbar ist Ägypten ein Geschenk des Nils! Es gibt kein Volk auf der Erde, auch keine Gegend in Ägypten, wo die Früchte des Bodens so mühelos wachsen wie hier. Die Ägypter haben es nicht nötig, mit dem **Pflug Furchen** in ihren Boden zu ziehen, ihn umzugraben und die anderen Feldarbeiten zu machen, mit denen die übrigen Menschen (nicht die Ägypter) sich **abmühen.** Die Ägypter warten einfach ab, bis der Fluss kommt, die Äcker bewässert und wieder abfließt. Das dauert etwa drei Monate. Dann **besät** jeder sein Feld und treibt die Schweine darauf, um die **Saat einzustampfen**, wartet ruhig die Erntezeit ab, erntet das Korn und lagert es.“

Saat Pflug

Furche - auf Äckern gibt es viele Furch, wo die Samen hineingelegt werden
abmühen - sich quälen, anstrengen
einstampfen - festtreten, damit Vögel nicht die Samen essen

Hier ist Platz für deine Notizen (Stichpunkte):

____

____

____

____

____

Arbeitsblatt Text A – Differenzierung 2

Gesellschaftslehre – 5Fb Text A 19. Juni 2015

Herodot schreibt 500 vor Christus (v. Chr.) über den Nil

„Offenbar ist Ägypten ein Geschenk des Nils! Es gibt kein Volk auf der Erde, auch keine Gegend in Ägypten, wo die Früchte des Bodens so mühelos wachsen wie hier. Die Ägypter haben es nicht nötig, mit dem **Pflug Furchen** in ihren Boden zu ziehen, ihn umzugraben und die anderen Feldarbeiten zu machen, mit denen die übrigen Menschen (nicht die Ägypter) sich **abmühen**. Die Ägypter warten einfach ab, bis der Fluss kommt, die Äcker bewässert und wieder abfließt. Das dauert etwa drei Monate. Dann **besät** jeder sein Feld und treibt die Schweine darauf, um die **Saat einzustampfen**, wartet ruhig die Erntezeit ab, erntet das Korn und lagert es."

Furche - auf Äckern gibt es viele Furch, wo die Samen hineingelegt werden
abmühen - sich quälen, anstrengen
einstampfen - festtreten, damit Vögel nicht die Samen essen

Hier ist Platz für deine Notizen (Stichpunkte):

____

____

____

____

____

Arbeitsblatt Text B – Differenzierung 1

Gesellschaftslehre – 5Fb Text B 19. Juni 2015

Bauer Ramsi schreibt 1500 vor Christus (v. Chr.) über den Nil

„Der Nil ist so furchtbar! Letztes Jahr hat er mein Haus weggerissen. Immer zu Beginn des Monats Juni tritt er über d e Ufer und überschwemmt unsere Felder. Doch dieses Mal war die Flut viel höher als gedacht. Das muss ein Fluch der Götter sein! Und dieses Jahr, noch schlimmer: Das Wasser ist nicht hoch genug gestiegen. Meine Felder wurden nicht mit Wasser überschwemmt. Der **nährstoffreiche** Nilschlamm ist nicht auf meinen Feldern liegen geblieben. Ich konnte nichts **säen** und nichts ernten. Meine Familie muss vielleicht **hungern**.

säen

nährstoffreich - gesunde Stoffe für die Pflanzen enthaltend
hungern - kein Essen haben

Hier ist Platz für deine Notizen (Stichpunkte):

____

____

____

____

____

Arbeitsblatt Text B – Differenzierung 2

Gesellschaftslehre – 5Fb   Text B   19. Juni 2015

Bauer Ramsi schreibt 1500 vor Christus (v. Chr.) über den Nil

„Der Nil ist so furchtbar! Letztes Jahr hat er mein Haus weggerissen. Immer zu Beginn des Monats Juni tritt er über die Ufer und überschwemmt unsere Felder. Doch dieses Mal war die Flut viel höher als gedacht. Das muss ein Fluch der Götter sein! Und dieses Jahr, noch schlimmer: Das Wasser ist nicht hoch genug gestiegen. Meine Felder wurden nicht mit Wasser überschwemmt. Der **nährstoffreiche** Nilschlamm ist nicht auf meinen Feldern liegen geblieben. Ich konnte nichts **säen** und nichts ernten. Meine Familie muss vielleicht **hungern.**

säen

nährstoffreich - gesunde Stoffe für die Pflanzen enthaltend
hungern - kein Essen haben

Hier ist Platz für deine Notizen (Stichpunkte):

____

____

____

____

____

Der Nil – Lebensader Ägyptens

Der Nil kann

________________________ und auch ________________________ sein.

Welche Bedeutung hat Wasser für dich? Könntest du auf Wasser verzichten?

Schreibe bitte einen kleinen Text mit mindestens fünf Sätzen.

6 Quellen

- Bergmann, Klaus: *Gegenwarts- und Zukunftsbezug.* In: Mayer, Ulrich et al. (Hg.) : *Handbuch Methoden im Geschichtsunterricht.* 3. Aufl., Schwalbach/Ts. 2011, S.91-112.
- Günther-Arndt, Hilke: *Lehr-Lernkonzepte.* In: Günther-Arndt, Hilke: *Geschichts-Methodik. Handbuch für die Sekundarstufe I und II.* 3. Aufl., Berlin 2010, S. 87-147.
- Hessisches Kultusministerium: *Bildungsstandards und Inhaltsfelder. Das neue Kerncurriculum für Hessen. Sekundarstufe I – Realschule. Geschichte.* Wiesbaden 2011.
- Hessisches Kultusministerium: *Lehrplan Geschichte. Bildungsgang Realschule. Jahrgangsstufen 5 bis 9/10.* Wiesbaden 2001.
- Lohmann, Gert: *Mit Schülern klarkommen. Professioneller Umgang mit Unterrichtsstörungen und Disziplinkonflikten.* 11. Aufl., Berlin 2014.
- Mattes, Wolfgang: *Methoden für den Unterricht.* Paderborn 2011.
- Nolting, Hans-Peter: *Störungen in der Schulklasse. Ein Leitfaden zur Vorbeugung und Konfliktlösung.* Weinheim und Basel 2014.
- Pandel, Hans-Jürgen: *Erzählen.* In: Mayer, Ulrich et al. (Hg.) : *Handbuch Methoden im Geschichtsunterricht.* 3. Aufl., Schwalbach/Ts. 2011, S. 408-424.
- Rudyk, Ellen (Hg.):*Menschen Zeiten Räume 1. Arbeitsbuch für Gesellschaftslehre Hessen.* Berlin 2010.
- Sauer, Michael: *Geschichte unterrichten. Eine Einführung in Didaktik und Methodik.* 8. Aufl., Seelze-Felber 2009.
- von Reeken, Dietmar: *Quellenarbeit.* In: Günther-Arndt, Hilke: *Lehr-Lernkonzepte.* In: Günther-Arndt, Hilke: *Geschichts-Methodik. Handbuch für die Sekundarstufe I und II.* 3. Aufl., Berlin 2010, S. 154-168.
- Wagener, Elmar: Der Nil, Lebens- und Verkehrsader Ägyptens. In: Praxis Geschichte 4/2013. Braunschweig, 2013, S. 13-18.

Internetquellen:

- http://www.planet-wissen.de/natur_technik/fluesse_und_seen/nil (zul. abgerufen am 13.6. 2015, 20:19 Uhr).
- http://www.zeit.de/wissen/geschichte/2010-01/assuan-staudamm/seite-2 (zul. abgerufen am 13.6.2015, 20:21 Uhr).

Bildquellen:

- Bauern bei der Bewirtschaftung des Niltales: Regenhardt, Hans-Otto (Hg.): *Forum Geschichte 1. Hessen.* Berlin 2006, S. 49.
- Nilschwelle im 19. Jahrhundert: Sauer, Michael (Hg.): *Geschichte und Geschehen 1.* Stuttgart 2012, S. 56.
- Satellitenbild des Nils: http://eoimages.gsfc.nasa.gov/images/imagerecords/71000/71790/Egypt.A2004201.0830.500m.jpg (zul. abgerufen am 16.6.2015, 21:55 Uhr).
- Wasserhahn: http://usc-mrt.de/wp-content/uploads/2014/12/wasserhahn-9.jpg (zul. abgerufen am 16.6.2015, um 22:05 Uhr).
- WC: http://i00.i.aliimg.com/wsphoto/v0/523746228/WC-WC-Bad-toilette-Zeichen-Symbol-mark-4-5x6-zoll-selbstklebende-etiketten-aufkleber-Produkt-Code-pl08.jpg (zul. abgerufen am 16.6.2015, um 22:06 Uhr).
- Ägyptenkarte (politisch): http://www.lib.utexas.edu/maps/africa/africa_pol00.jpg (zul. abgerufen am 14.6.2015, 23:34 Uhr).